MathStart®
洛克数学启蒙 ❸

人人都有蓝莓派

[美]斯图尔特·J.墨菲 文　　[美]约翰·斯皮尔斯 图　　易若是 译

海峡出版发行集团 | 福建少年儿童出版社
THE STRAITS PUBLISHING & DISTRIBUTING GROUP | FUJIAN CHILDREN'S PUBLISHING HOUSE

加法进位

献给莫琳和兰迪——希望他们能一起分享幸福。

——斯图尔特·J.墨菲

献给蒂莉和西吉。

——约翰·斯皮尔斯

著作权合同登记号：图字 13-2023-038号

图书在版编目（CIP）数据

洛克数学启蒙.3.人人都有蓝莓派/(美)斯图尔特·J.墨菲文；(美)约翰·斯皮尔斯图；易若是译. -- 福州：福建少年儿童出版社，2023.9
ISBN 978-7-5395-8232-0

Ⅰ.①洛… Ⅱ.①斯… ②约… ③易… Ⅲ.①数学-儿童读物 Ⅳ.①O1-49

中国国家版本馆CIP数据核字(2023)第074350号

LUOKE SHUXUE QIMENG 3 · RENREN DOUYOU LANMEIPAI

洛克数学启蒙3·人人都有蓝莓派

著　　者：[美]斯图尔特·J.墨菲　文　[美]约翰·斯皮尔斯　图　易若是　译
出 版 人：陈远　出版发行：福建少年儿童出版社　http://www.fjcp.com　e-mail:fcph@fjcp.com　社址：福州市东水路76号17层（邮编：350001）
选题策划：洛克博克　责任编辑：曾亚真　助理编辑：赵芷晴　特约编辑：刘丹亭　美术设计：翠翠　电话：010-53606116（发行部）　印刷：北京利丰雅高长城印刷有限公司
开　　本：889毫米×1092毫米　1/16　印张：2.5　版次：2023年9月第1版　印次：2023年9月第1次印刷　ISBN 978-7-5395-8232-0　定价：24.80元

人人都有蓝莓派

熊妈妈对 4 只熊宝宝说：

4

"如果你们能采回足够多的坚果、蓝莓和麦子，今天晚上我就给你们烤一个豪华私房蓝莓派。你们每个人都能分到自己应得的一份！"

熊宝宝们跑到森林里，那里的坚果又多又甜。
3只熊宝宝卖力地采集坚果。

但第 4 只熊宝宝只顾着玩耍。

她一会儿爬树，

一会儿在树上荡秋千，

看都没看坚果一眼。

回到家，熊宝宝们把各自的篮子交给妈妈。

熊妈妈说："我们把这些坚果每10粒摆成一堆，多出的摆在旁边，这样很快就能知道有多少粒坚果了。"

熊宝宝们把各自采集到的坚果每 10 粒摆成一堆。

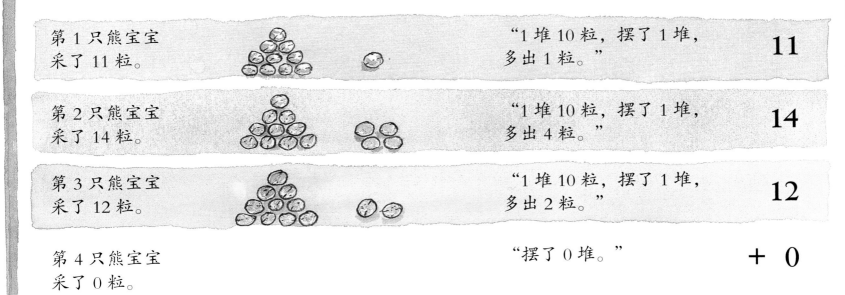

第 1 只熊宝宝采了 11 粒。 "1 堆 10 粒，摆了 1 堆，多出 1 粒。" **11**

第 2 只熊宝宝采了 14 粒。 "1 堆 10 粒，摆了 1 堆，多出 4 粒。" **14**

第 3 只熊宝宝采了 12 粒。 "1 堆 10 粒，摆了 1 堆，多出 2 粒。" **12**

第 4 只熊宝宝采了 0 粒。 "摆了 0 堆。" **+ 0**

———————————
3 个 10 加上 7

37

"一共有 37 粒坚果！你们 3 个干得不错！"

接着，熊宝宝们跑到田野上，那里的蓝莓又大又多汁。
3 只熊宝宝快速地采着蓝莓。

但第 4 只熊宝宝还是只顾着玩耍。

她跳啊跳，跑啊跑，

还开心地追赶蜜蜂，

一颗蓝莓都没去采。

熊宝宝们又提着篮子回到家。

"让我们把这些蓝莓每 10 颗摆成一堆，多出的摆在旁边，这样我们很快就能知道一共有多少了。"

熊宝宝们把各自采集到的蓝莓每10颗摆成一堆。

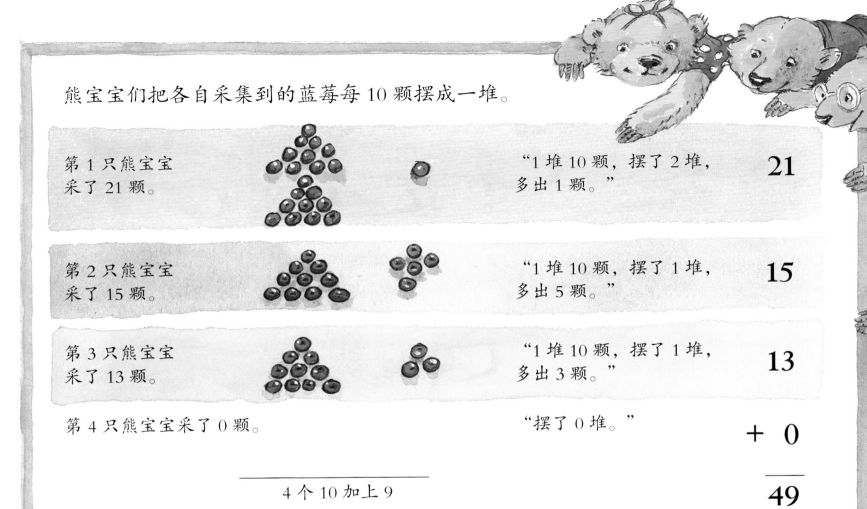

第1只熊宝宝
采了21颗。

"1堆10颗，摆了2堆，
多出1颗。"

21

第2只熊宝宝
采了15颗。

"1堆10颗，摆了1堆，
多出5颗。"

15

第3只熊宝宝
采了13颗。

"1堆10颗，摆了1堆，
多出3颗。"

13

第4只熊宝宝采了0颗。

"摆了0堆。"

+ 0

4个10加上9

49

"一共有49颗蓝莓！你们
3个都出色地完成了任务！"

接着，熊宝宝们跑到牧场上，找到许多饱满松脆的麦子。
3只熊宝宝都在全力摘麦子。

但第 4 只熊宝宝还是只想玩。

她不停地翻跟头，

跳来又跳去，

一粒麦子都没有摘。

熊宝宝们回到家后，
又把篮子交给了妈妈。

16

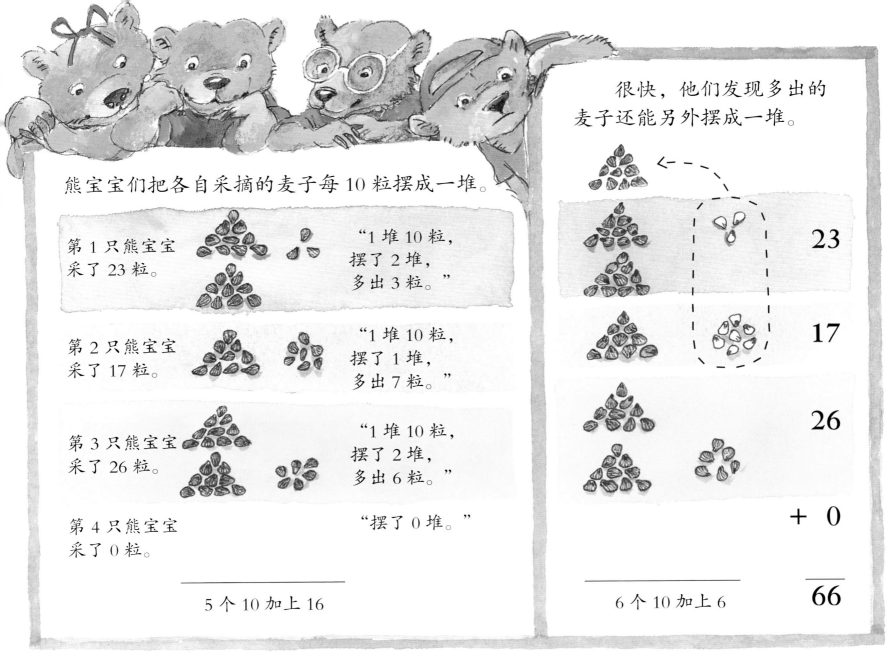

很快，他们发现多出的麦子还能另外摆成一堆。

熊宝宝们把各自采摘的麦子每10粒摆成一堆。

第1只熊宝宝采了23粒。

"1堆10粒，摆了2堆，多出3粒。"

23

第2只熊宝宝采了17粒。

"1堆10粒，摆了1堆，多出7粒。"

17

第3只熊宝宝采了26粒。

"1堆10粒，摆了2堆，多出6粒。"

26

第4只熊宝宝采了0粒。

"摆了0堆。"

+ 0

5个10加上16

6个10加上6

66

"一共有66粒麦子。你们3个真是非常棒的熊宝宝。"

熊妈妈看着它们采来的所有坚果、蓝莓和麦子，遗憾地说："恐怕这些材料不够做一个私房蓝莓派。你们当中有 3 个熊宝宝都在拼命干活，但是我知道，还有一个熊宝宝并没有完成自己的任务。"

3 只努力工作的熊宝宝齐刷刷地看向他们的小妹妹。她羞愧地低下头。

忽然，她跳起来，一把拿起
3个篮子，快速地冲了出去。

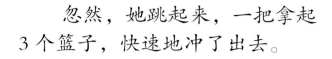

她先是跑到森林里
采了好些坚果。

接着又跳到田野里采了好些蓝莓。
然后又冲到牧场上采了好多好多麦子。
最后，她用小爪子紧紧提着 3 个篮子跑回了家。

她自豪地把 3 个篮子交给了妈妈。

熊妈妈说："现在看来，你也是一个努力工作的宝宝。

"让我们把所有的坚果倒出来，每 10 个摆成一堆，剩下的放在旁边，然后跟已有的坚果加在一起！"

22

"我们已经有了37粒坚果。"

"一堆 10 粒，摆了 3 堆，多出 7 粒。"

"熊小妹又采了 15 粒。"

"一堆 10 粒，摆了 1 堆，多出 5 粒。"

4 个 10 加上 12

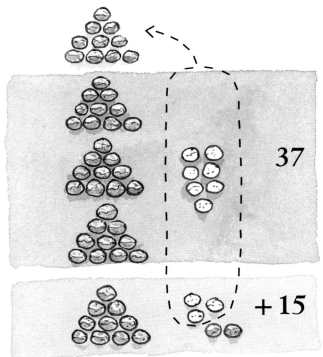

"多出的坚果还能摆成一堆。"

37

+15

5 个 10 加上 2

52

23

熊妈妈又把第 2 个篮子
里的东西倒了出来。

24

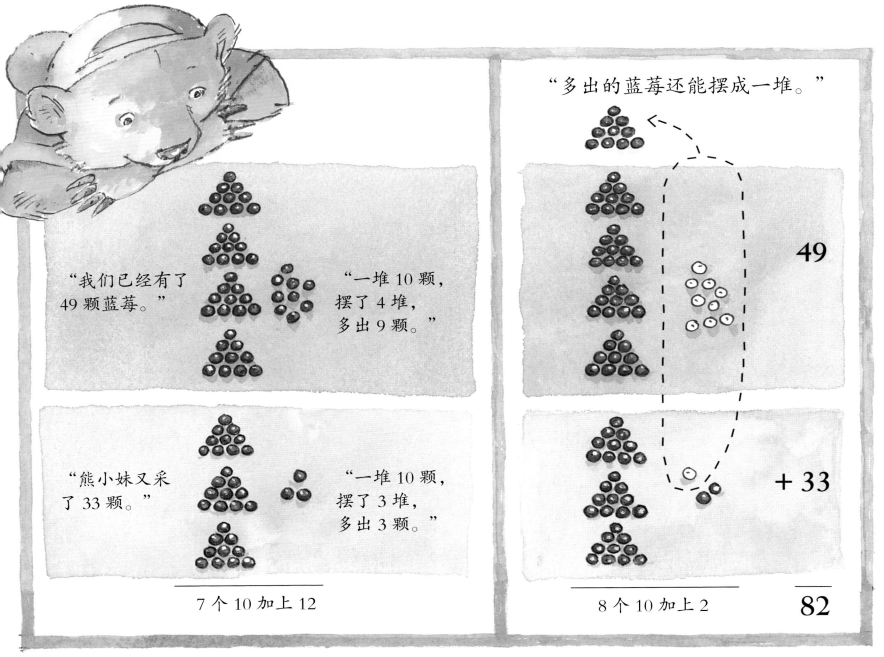

"我们已经有了49颗蓝莓。"

"一堆10颗，摆了4堆，多出9颗。"

"熊小妹又采了33颗。"

"一堆10颗，摆了3堆，多出3颗。"

7个10加上12

"多出的蓝莓还能摆成一堆。"

49

+33

8个10加上2

82

"哇，我们一共有82颗蓝莓！"

熊妈妈又把第 3 个篮子里的东西倒了出来。

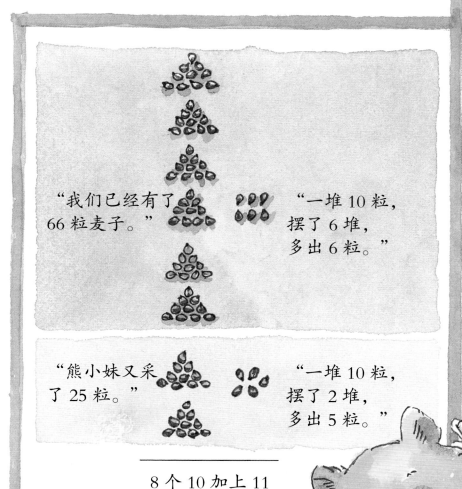

"我们已经有了 66 粒麦子。"

"一堆 10 粒，摆了 6 堆，多出 6 粒。"

"熊小妹又采了 25 粒。"

"一堆 10 粒，摆了 2 堆，多出 5 粒。"

8 个 10 加上 11

"一共有 91 粒麦子。"

"看，多出的麦子还能摆成一堆。"

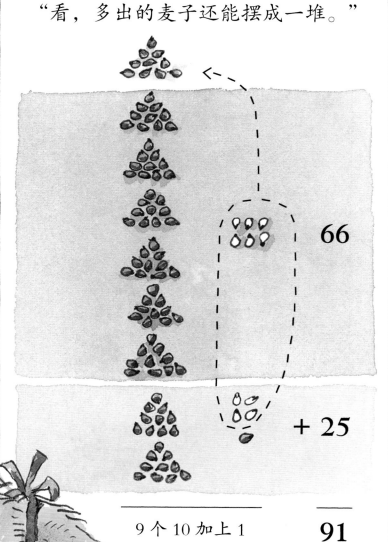

66

+ 25

9 个 10 加上 1

91

"太棒了！今晚，我给大家烤一个豪华私房蓝莓派！"

吃完晚餐后，熊宝宝们闻到烤箱里传来一阵阵美妙的蓝莓香味。
熊妈妈说："宝贝们，我为你们的辛苦工作感到骄傲。蓝莓派已经做好了，你们每个人都可以享用一份！"

很快，桌子上什么也没有了——除了几个坚果渣、一两颗蓝莓、

一丁点儿麦子，以及 4 张蓝嘴巴的甜蜜微笑。

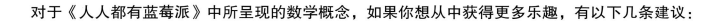

写给家长和孩子

对于《人人都有蓝莓派》中所呈现的数学概念，如果你想从中获得更多乐趣，有以下几条建议：

1. 跟孩子一起阅读故事，让孩子复述每幅图中的情节。在阅读过程中不断提问，例如："11 可以分成几个 10，还剩下几？"或者"49 可以分成几个 10，还剩下几？"

2. 鼓励孩子复述一遍故事，并在纸上用打"√"的方式记录每只熊宝宝采集的坚果、蓝莓和麦子的数量（一个"√"代表数量 1），将它们按 10 个一组圈出来。

3. 寻找一些身边的物品，比如在家里找一些蜡笔和记号笔，在海滩上捡一些贝壳，在公园里捡一些石头和树叶等，将它们按 10 个一组摆放，看看能摆成几组，还剩下几个；然后把两边的数字进行相加，看看每种物品各有多少个。

4. 跟孩子一起清点厨房储物柜里各种物品的数量，如盒子、罐头、瓶子等，并用打"√"的方式代表数量。将各种物品下面的"√"每 10 个圈成一个圈，然后算一算每种物品各有多少个。

盒子	罐头	瓶子
(√√√√√√)√√	(√√√√√√√√√√)√√	√√√√√√√

如果你想将本书中的数学概念扩展到孩子的日常生活中，可以参考以下这些游戏活动。

1. 坐车时，拿出一张纸，用打"√"的方式记录车窗外驶过的小轿车、卡车或自行车的数量，然后将这些"√"每 10 个圈成一个圈。到达目的地时，与孩子一起统计：每种车各有多少辆？3 种车共有多少辆？

2. 散步时，带上纸和笔，用打"√"或画"·"的方式记录看到的小孩、大树、小狗或小猫的数量。把每种事物下面的"√"或"·"每 10 个圈成一个圈，最后数数画了多少个圈，再把余下的数量加上去。

3. 在书房时，找出一些蜡笔、记号笔和水彩笔等，把它们分别按照 10 支一组摆放好，剩下的放在旁边。最后计算出每种笔各有多少支？书房里所有的笔加起来共有多少支？

洛克数学启蒙

《虫虫大游行》	比较
《超人麦迪》	比较轻重
《一双袜子》	配对
《马戏团里的形状》	认识形状
《虫虫爱跳舞》	方位
《宇宙无敌舰长》	立体图形
《手套不见了》	奇数和偶数
《跳跃的蜥蜴》	按群计数
《车上的动物们》	加法
《怪兽音乐椅》	减法

《小小消防员》	分类
《1、2、3，茄子》	数字排序
《酷炫100天》	认识1~100
《嘀嘀，小汽车来了》	认识规律
《最棒的假期》	收集数据
《时间到了》	认识时间
《大了还是小了》	数字比较
《会数数的奥马利》	计数
《全部加一倍》	倍数
《狂欢购物节》	巧算加法

《人人都有蓝莓派》	加法进位
《鲨鱼游泳训练营》	两位数减法
《跳跳猴的游行》	按群计数
《袋鼠专属任务》	乘法算式
《给我分一半》	认识对半平分
《开心嘉年华》	除法
《地球日，万岁》	位值
《起床出发了》	认识时间线
《打喷嚏的马》	预测
《谁猜得对》	估算

《我的比较好》	面积
《小胡椒大事记》	认识日历
《柠檬汁特卖》	条形统计图
《圣代冰激凌》	排列组合
《波莉的笔友》	公制单位
《自行车环行赛》	周长
《也许是开心果》	概率
《比零还少》	负数
《灰熊日报》	百分比
《比赛时间到》	时间